I0474753

MECÂNICA RADIATIVA

Leandro Bertoldo

Mecânica Radiativa
Leandro Bertoldo

Dedicatória

Dedico este livro à minha amiga
Laika (bodinho)

Mecânica Radiativa
Leandro Bertoldo

"Século após século, a curiosidade dos homens os tem levado a procurar a árvore do conhecimento". (Conselhos Para Professores, Pais e Estudantes, 12).

Ellen Gould White
Escritora, conferencista, conselheira,
e educadora norte-americana.
(1827-1915)

Mecânica Radiativa
Leandro Bertoldo

Sumário

6. Definição de Força em Relação à Quantidade de Movimento

5. Modelo Atômico Elementar
1. Introdução
2. Lei de Coulomb
3. Campo Elétrico do Átomo
4. Radiância do Elétron
5. Energia Radiante
6. Radiância de Escape do Elétron
7. Quantidade de Movimento Angular.
8. Sistema Hidrogenóide
9. Conservação da Energia em Sistema Hidrogenóide
10. Radiância de Proporção do Elétron:

6. Mecânica Relativística Radiativa
1. Introdução
2. Postulado
3. Radiância e Quantidade de Movimento Relativístico
4. Radiância Relativística
5. Equação Temporal de Einstein e Radiância
6. Radiância Relativística Temporal

Mecânica Radiativa
Leandro Bertoldo

Dados biográficos

Leandro Bertoldo é o primeiro filho do casal José Bertoldo Sobrinho e Anita Leandro Bezerra. Tem um irmão chamado Francisco Leandro Bertoldo. Os dois seguiram a carreira no judiciário paulista, incentivados pelo pai, que via algo de desejável na estabilidade do serviço público. Leandro fez as faculdades de Física e de Direito na Universidade de Mogi das Cruzes – UMC. Seu interesse sempre crescente pela área das exatas vem desde os seus 17 anos, quando começou a escrever algumas teses sérias a respeito do assunto. Em 1995, publicou o seu primeiro livro de Física, que foi um grande sucesso entre os professores universitários. O seu comprometimento com o Direito é resultado de suas atividades junto ao Tribunal de Justiça do Estado de São Paulo.

Leandro casou-se duas vezes e teve uma linda filha do primeiro matrimônio chamada Beatriz Maciel Bertoldo. Sua segunda esposa Daisy Menezes Bertoldo tem sido sua grande companheira e amiga inseparável de todas as horas. Muitas de suas alegrias são proporcionadas pelos seus amados cachorros: Fofa, Pitucha, Calma e Mimo.

Durante sua carreira como cientista contabilizou centenas de artigos e dezenas de livros, todos defendendo teses originais em Física e Matemática, destacando-se: "Teoria Matemática e Mecânica do Dinamismo" (2002); "Teses da Física Clássica e Moderna" (2003); "Cálculo Seguimental" (2005); "Artigos Matemáticos" (2006) e "Geometria Leandroniana" (2007), os quais estão sendo discutidos por vários grupos de pesquisas avançadas nas grandes universidades do país.

Mecânica Radiativa
Leandro Bertoldo

Prefácio

Esta obra, intitulada por "Mecânica Radiativa", foi produzida nos primeiros meses de 1982. Ela recebeu tal título porque visava ao estudo metódico da Cinemática e da Dinâmica em função dos conceitos elétricos das partículas eletricamente carregada. Com esse propósito, algumas ideias apresentadas nesta obra tornaram-se altamente abstratas; fato que me levou a deixar o seu estudo para uma ulterior reflexão, a qual jamais aconteceu.

Os capítulos são progressivos; e, cada um deles, focaliza um aspecto diferente da Mecânica Radiativa. Neste livro, busquei dar um enfoque no método matemático, justamente para que as ideias apresentadas pudessem ser coerentes e estruturadas numa ordem lógica e rigorosa.

A obra apresenta seis capítulos. O primeiro, intitulado "Mecânica Radiativa" desenvolve a Cinemática Radiativa, descrevendo diversos movimentos em função de conceitos elétricos. O segundo, "Radinâmica", estuda a Dinâmica em relação aos conceitos de uma carga elétrica. O terceiro, intitulado "Radionergética" estuda a energia mecânica em função das cargas elétricas. O quarto capítulo apresenta um resumo matemático dos principais conceitos até então estabelecidos. O quinto, chamado por "Modelo Atômico Elementar", apresenta o estudo da mecânica radiativa de um elétron num Sistema Hidrogenóide. O sexto capítulo, intitulado "Mecânica Relativística Radiativa", apresenta alguns conceitos da Relatividade Restrita relacionados com a Mecânica Radiativa.

Este livro é simples e despretensioso, caso ele possa ser útil a algum leitor que deseja estudar um pouco mais acerca da natureza, esta será minha maior gratificação.

leandrobertoldo@ig.com.br

Mecânica Radiativa
Leandro Bertoldo

1. Mecânica Radiativa

1. Divisão do Estudo da Mecânica Radiativa

Didaticamente, a mecânica radiativa constitui o primeiro dos ramos da física da carga elétrica, servindo como sustentação de todos os demais. Estuda tanto a radiatividade elétrica das cargas em geral (causas e efeitos) quanto às forças (relações e efeitos) que não parecem radiatividade.

Procurei dividir o estudo da mecânica radiativa em três partes:

A) Cineância - parte que estuda as radiatividades, sem levar em conta as causas que as produzem.

B) Radinâmica - parte que estuda tanto as correlações entre as radiatividades (causas e efeitos) quanto às relações entre as radiatividades e a carga.

C) Radionergética - parte que estuda o trabalho e a energia elétrica radiativa da carga.

2. Introdução à Cineância

Algumas noções fundamentais são necessárias para por início ao estudo da cineância.

A) *Carga elétrica*

As cargas elétricas são partículas com eletricidade positiva ou negativa.

Toda carga elétrica que existe na natureza, tanto positiva quanto negativa, é sempre um múltiplo inteiro da

Mecânica Radiativa
Leandro Bertoldo

carga elementar que caracteriza o elétron e o próton, já que frações destas não são encontradas na natureza.

B) *Valor da carga elétrica elementar*

É adorado como unidade de carga elétrica o "Coulomb" (C), definida no Sistema Internacional (S.I.), este usado basicamente em meu estudo.

Define-se 1 Coulomb (1C) como a quantidade de carga elétrica que atravessa durante 1 segundo uma secção transversal qualquer de um condutor percorrido por uma corrente de intensidade invariável e igual a 1 ampère.

De acordo com a definição da unidade Coulomb (C), a carga elementar (q) vale:

$$q = 1,60210. \ 10^{-19} \ C$$

C) *Radiatividade e Inércia*

Digo que uma carga elétrica apresenta radiatividade caso o seu estanque mudar com o decorrer do tempo. Analogamente, digo que a mesma se encontra no estado de inércia se seu estanque permaneceu inalterado, com o decorrer do tempo.

D) *Sistemas de referência*

Os sistemas de referência na mecânica radiativa são os mesmos da mecânica Newtoniana, com a diferença que medem grandezas distintas.

Pode-se facilmente observar que as noções de radiatividade elétrica e de inércia não são absolutas, mas sim relativas, já que não tem significado físico para falar em estancamento de carga elétrica, sem que haja fixado um

Mecânica Radiativa
Leandro Bertoldo

sistema de referência e, portanto, na ausência de um referencial previamente escolhido, nada se pode afirmar quanto à radiatividade elétrica e inércia.

E) *Movimento e estanque*

Numa carga elétrica somente apresenta um estanque quando apresenta um movimento. De tal forma que o estanque não tem existência sem que exista movimento.

3. Equação da Radiatividade Elétrica

Considero estanque como uma grandeza física associada ao comprimento algébrico de um eixo que vai desde uma origem (O), fixada arbitrariamente, até o estado de estanque que caracteriza a carga elétrica no instante em que se quer considera-la. Naturalmente, associa-se a esse comprimento algébrico um sinal, positivo ou negativo, dependendo da orientação previamente estabelecida para a trajetória da carga.

Seja então (H) a trajetória de uma carga elétrica, em relação a um determinado sistema de referência. Para determinar o estanque da carga em cada instante, sobre o eixo, fixarei uma origem zero e adotarei um sentido de percurso da carga. O estanque (p) de abcissa (e) da carga, no instante (t), fica perfeitamente determinado pelo comprimento algébrico do eixo no intervalo $\overline{OP}$, ao qual se associa o sinal positivo quando os pontos (O e P) se sucedem no sentido da orientação do eixo e o sinal negativo em caso contrário. Entretanto, há situações em que, no instante em que se iniciou a radiatividade elétrica, a carga não se estancava exatamente na origem, mas sim, em um estado de estancamento (P_0) de abcissa (e_0), denominada por "estancamento inicial".

Desse modo, digo que a maneira pela qual a abcissa (e) varia em função do tempo constitui a lei da radiatividade elétrica; então, obviamente o estanque é uma função do tempo.

$$e = f(t)$$

A referida equação me permite determinar o estanque da carga elétrica, em relação à origem (O) em cada instante (t).

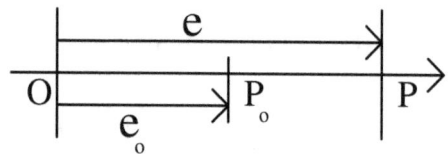

4. Unidades Fundamentais

Espero que o sistema internacional de unidades aceite as seguintes unidades fundamentais para a mecânica radiativa.

A) estanque Townes (T)
B) carga   Coulomb (C)
C) tempo   Segundo (s)

5. Radiância Escalar

Considere uma carga elétrica em um estado de estancamento qualquer. Seja então (Δe) o estanque (P_1 P_2) apresentado por ela durante um intervalo de tempo (Δt). Por definição, denominei por radiância escalar média I_m, no intervalo considerado, o quociente:

$$I_m = \frac{\Delta e}{\Delta t}$$

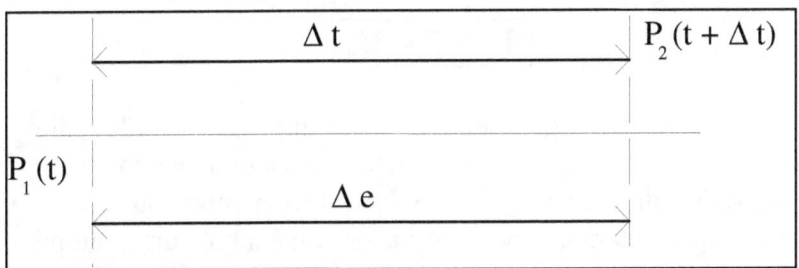

Chama-se radiância escalar instantânea, no ponto (P_1), o limite da radiância escalar média para (Δt) tendendo a zero.

$$I_m = \lim_{\Delta t \to 0} \frac{\Delta e}{\Delta t}$$

Costuma-se representar essa igualdade por:

$$I = \frac{de}{dt}$$

6. Conceito de Campo

Quando uma carga elétrica está sob a ação de uma intensidade de força, ela passa a ser caracterizada por uma grandeza denominada campo, analisada por um observador inercial.

Postulando matematicamente, posso escrever que uma carga elétrica de referência sob a ação de uma força, apresenta um campo (E_0) em relação a um observador inercial, e sendo (E) o campo de uma carga, medida pelo observador

Mecânica Radiativa
Leandro Bertoldo

inercial, o campo medido pelo observador dinâmico é expresso por:

$$E' = E - E_0$$

Se a carga está livre, o campo E, medido pelo observador inercial, é nulo. Portanto o campo medido pelo observador dinâmico é $E' = -E_0$. Desse modo as cargas livres apresentarão, ao observador dinâmico, um campo comum $-E_0$, o que corresponde a uma situação idêntica à que ocorre num vetor de campo elétrico eletrostático de intensidade $\vec{E} = -\vec{E}_0$. Dessa maneira, posso concluir que:

"Numa carga elétrica de observação não existe meios de saber se a mesma encontra-se sob a ação de um vetor campo de elétrico uniforme ou num sistema de referência".

7. Campo Escalar

Considere uma carga elétrica estancando em um eixo qualquer. Sejam então (I) e (I + ΔI) suas radiâncias instantâneas nos instantes (t) e (t + Δt), respectivamente. Defino campo escalar médio (E_m) no intervalo de tempo (Δt) pelo quociente:

$$E_m = \frac{\Delta I}{\Delta t}$$

Ou seja, o campo escalar médio é igual ao quociente da variação da radiância, inversa pela variação do tempo.

Denomina-se, campo escalar instantâneo, o limite do campo escalar médio para (Δt) tendendo a zero.

Mecânica Radiativa
Leandro Bertoldo

$$E_m = \lim_{\Delta t \to 0} \frac{\Delta I}{\Delta t}$$

Costuma-se representar a referida igualdade por:

$$E = \frac{dI}{dt}$$

Dessa maneira, conclui-se que o campo escalar instantâneo é o número que se obtém derivando a radiância em relação do tempo.

8. Sinais de Radiância

Fixado uma origem zero em um eixo, a radiância será expressa por um valor maior que zero ($I > 0$) se a carga apresentar um estanque caracterizado pelo mesmo sentido ao fixado como orientação do eixo.

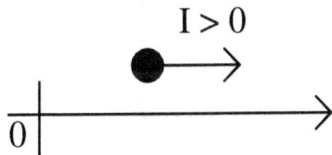

De outro modo, a radiância será expressa por um valor menor que zero ($I < 0$) se ocorrer o contrário.

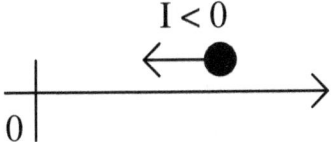

9. Sinais do Campo

A) Se a radiância escalar de uma carga estiver aumentada, em valor algébrico, então digo que o campo escalar será positivo (E > 0).

B) Caso a radiância esteja diminuindo, em valor algébrico, digo que o campo escalar será negativo (E < 0).

C) Sejam então (I_1) e (I_2) as radiâncias escalares instantâneas nos instantes (t_1) e (t_2). De acordo com a definição de campo escalar tem-se:

$$E_m = \frac{I_2 - I_1}{t_2 - t_1} = \frac{I_2 - I_1}{\Delta t} \rightarrow E_m = \frac{I_2 - I_1}{\Delta t}$$

O que mostra:

$$I_2 > I_1 \rightarrow I_2 - I_1 > 0 \rightarrow E_m > 0$$

Pois Δt, por caracterizar um intervalo de tempo clássico, é estritamente positivo ($\Delta t > 0$).

$$I_2 < I_1 \rightarrow I_2 - I_1 < 0 \rightarrow E_m < 0$$

10. Unidade de Radiância

Caracteriza no sistema internacional, a unidade de radiância como o (T/s), definido como a radiância de uma carga que, animada com una radiatividade elétrica uniforme, apresenta um estanque ideal a (1T) em cada segundo.

Analogamente, considerando os outros sistemas, tem-se:

CGS ------------I = 1 mT/s
MK*S---------- I = 1 T/s
MTS ----------- I = 1T/s

Relação entre as unidades:

$$1\frac{T}{s} = 10^{-3}\frac{mT}{s}$$

11. Unidades de Campo

Caracterizei no sistema internacional, a unidade de campo como o (T/s^2), definido como o campo de uma carga elétrica que se encontra animada com radiatividade uniformemente variada, cuja radiância varia à razão de (1T) por segundo em cada segundo.

Analogamente, para os outros sistemas tem-se:

CGS ------------ E = 1 mT/s^2
MK*S ------------ E = 1 T/s^2
MTS ------------ E = 1T/s^2

Relação entre as unidades:

$$1\frac{T}{s^2} = 10^{-3}\frac{mT}{s^2}$$

12. Radiatividade Elétrica Uniforme

Neste estado a carga elétrica não emite e nem absorve radiação.

Digo que a radiatividade elétrica é uniforme quando a relação matemática existente entre os estanques apresentados e os tempos correspondentes para caracteriza-los for absolutamente constante. Com certa frequência, costumo afirmar que os estanques são diretamente proporcionais aos tempos.

$$\frac{\Delta e_1}{\Delta t_1} = \frac{\Delta e_2}{\Delta t_2} = \frac{\Delta e_n}{\Delta t_n} \equiv \textbf{constante}$$

A proporção, na realidade, indica que a radiância escalar média em todos os estágios do intervalo de tempo é constante.
Levando ao limite, resulta que:

a) $I_1 = \lim\limits_{\Delta t_1 \to 0} \dfrac{\Delta e_1}{\Delta t_1}$

b) $I_2 = \lim\limits_{\Delta t_2 \to 0} \dfrac{\Delta e_2}{\Delta t_2}$

c) $I_n = \lim\limits_{\Delta t_n \to 0} \dfrac{\Delta e_n}{\Delta t_n}$

Portanto, resulta que:

$$I_1 = I_2 = \ldots = I_n \equiv \textbf{cons tan te}$$

Isso vem a demonstrar que a mesma constante que é a radiância escalar média em qualquer trecho é também a radiância escalar instantânea em qualquer instante.

Então, afirmo categoricamente que a referida constante é a característica fundamental que define a radiatividade elétrica uniforme.

Logo, digo que uma carga elétrica qualquer apresenta radiatividade elétrica uniforme, quando a radiância escalar se mantém absolutamente constante durante todo o processamento do fenômeno.

13. Radiatividade Uniformemente Variada

Neste estado a carga elétrica está absorvendo ou emitindo radiação.

Afirmo que a radiatividade elétrica é uniformemente variada quando a relação matemática existente entre as radiâncias apresentadas e os tempos correspondentes para caracteriza-las for absolutamente constante. Portanto a radiância escalar instantânea da carga elétrica encontra-se variando em cada instante.

Durante o primeiro intervalo de tempo (Δt), a radiância da carga elétrica passou de (I_0) para (I_1); ou seja, variou de ($I_1 - I_0$). Analogamente posso seguir tal procedimento com relação aos demais intervalos de tempos (Δt_2, Δt_3,..., Δt_n).

Assim, de acordo com a definição, tem-se que:

$$\frac{I_1 - I_0}{\Delta t_1} = \frac{I_2 - I_1}{\Delta t_2} = \ ... \ = \frac{I_n - I_{n-1}}{\Delta t} \equiv \textbf{cons tan te}$$

Ou então, fazendo que:

$$\Delta I_1 = I_1 - I_0, \quad \Delta I_2 = I_2 - I_1,..., \quad \Delta I_n = I_n - I_{n-1}$$

Tem-se que:

$$\frac{\Delta I_1}{\Delta t_1} = \frac{\Delta I_2}{\Delta t_2} = \ldots = \frac{\Delta I_n}{\Delta t_n} \equiv \text{constante}$$

A proporção, na realidade, mostra que o campo escalar médio em todos os estágios do fenômeno é absolutamente constante:
Levando ao limite, tem que:

a) $I_1 = \lim\limits_{\Delta t_1 \to 0} \dfrac{\Delta I_1}{\Delta t_1}$

b) $I_2 = \lim\limits_{\Delta t_2 \to 0} \dfrac{\Delta I_2}{\Delta t_2}$

c)... (intervalo)

d) $I_m = \lim\limits_{\Delta t_n \to 0} \dfrac{\Delta I_n}{\Delta t_n}$

Logo, vem que:

$$E_1 = E_2 = \ldots = E_n \equiv \text{constante}$$

A igualdade vem a mostrar que a mesma constante que é o campo escalar médio de qualquer intervalo de tempo é também o campo escalar instantâneo em qualquer instante. Então, digo que tal constante é a característica fundamental que define a radiatividade elétrica uniformemente variada. Assim, afirmo que, uma carga elétrica apresenta radiatividade elétrica uniformemente variada quando o campo escalar se mantém constante durante todo o processamento do fenômeno.

14. Classificação Geral das Radiatividades.

A) *Radiatividade ativa*

Quando uma carga elétrica apresenta estanque do mesmo sentido da orientação do eixo, sua radiância, como mostrei, será positiva (I > 0) e a radiatividade nessas condições é denominada por ativa.

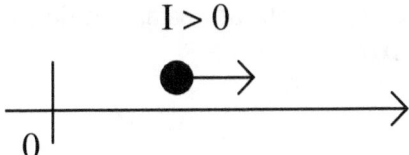

B) *Radiatividade desativa*

Quando a carga elétrica apresenta estanque contrário ao da orientação do eixo, sua radiância, como afirmei, será negativa (I < 0) e a radiatividade nessas condições é denominada por desativa.

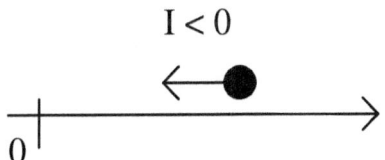

Existe outra classificação que tem por base a natureza das radiatividades. Dessa maneira, quando com o decorrer do tempo a carga elétrica apresentar uma radiância cada vez maior a radiatividade será denominada por "absortivante".

Mecânica Radiativa
Leandro Bertoldo

Quando, com o decorrer do tempo, a carga apresentar uma radiância cada vez menor, a radiatividade será denominada por "emissiva". Nesse caso, ocorre a emissão de radiação em forma de ondas eletromagnéticas.

15. Radiatividade com Radiância Positiva

Vou estudar agora uma radiatividade na qual a radiância é positiva (I > 0). Insisto que: I > 0 indica somente que a carga elétrica apresenta um estanque de mesmo sentido de orientação do eixo.

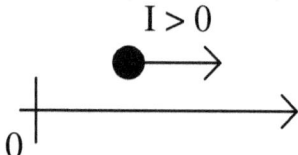

Supondo que a carga elétrica apresenta uma radiatividade absorvitante; isto é, apresentando estanques em intervalos de tempos iguais cada vez maiores.

Depreende-se daí que a variação da radiância, para cada intervalo de tempo, será positiva ($\Delta I > 0$) e, portanto, o campo também ($E > 0$).

$$E = \frac{\Delta I}{\Delta t}$$

(ΔI) representa a variação de radiância dentro de um intervalo de tempo genérico (Δt). Pelo fato de ($\Delta I > 0$) e ($\Delta t > 0$) (pois o conceito de tempo negativo não tem significado físico nesta teoria), podendo notar que o quociente:

$\dfrac{\Delta I}{\Delta t}$ Também é maior que zero.

a) I > 0

Radiatividade absorvitante

b) E > 0

Por outro lado, tomarei agora uma carga elétrica que apresenta radiatividade emissiva; ou seja, apresentando estanques, em intervalos de tempo iguais, cada vez menores. Depreende-se daí que a variação da radiância, para cada intervalo de tempo, será negativa ($\Delta I < 0$) e, portanto, o campo também ($E < 0$).

c) I > 0

Radiatividade emissiva

d) E < 0

16. Radiatividade com Radiância Negativa

Analisarei agora uma radiatividade em que a radiância é negativa ($I < 0$). Ressaltando que ($I < 0$) indica somente que a carga apresenta estanque com sentido contrário ao da orientação do eixo.

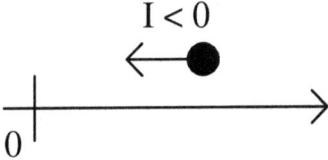

Vou supor que a carga elétrica apresenta radiatividade absorvitante. A variação de radiância, para cada intervalo de tempo será negativa. ($\Delta I < 0$) e, portanto, o campo também ($E < 0$).

a) $I < 0$

Radiatividade absorvitante

b) $E < 0$

Por outro lado, suponha que a carga elétrica apresenta radiatividade emissiva. A variação de radiância, para cada intervalo de tempo, será positiva ($\Delta I > 0$) e, portanto, o campo também ($E > 0$).

c) $I < 0$

Radiatividade emissiva

d) $E > 0$

Resumo

A) radiatividade elétrica absorvitante → I e E têm mesmo sinal.

B) radiatividade elétrica emissiva → I e E têm sinais opostos.

Numa outra maneira muito simples de interpretar uma radiatividade quanto à natureza é verificar se o módulo da radiância está aumentando ou diminuindo. Se o módulo da radiância estiver aumentando, a radiatividade será absorvitante e, se estiver diminuindo, a radiatividade será emissiva.

17. Radiatividade Elétrica Uniforme (REU)

Uma carga apresenta radiatividade elétrica uniforme quando sua radiância escalar se mantém constante durante todo o processamento da radiatividade.

Assim, posso afirmar que:

A) Em qualquer estágio da radiatividade, a radiância escalar média da carga é a mesma.

B) Em qualquer ponto, a radiância escalar instantânea da carga é a mesma e ainda igual à sua radiância escalar média em qualquer estágio da radiatividade.

C) A carga elétrica apresenta "estanques" iguais em intervalos de tempos iguais.

Portanto, estudarei a radiatividade elétrica uniforme, considerando para tanto uma carga elétrica qualquer. Vou utilizar uma reta orientada, que convencionarei como representação simbólica do estanque.
Então considere:

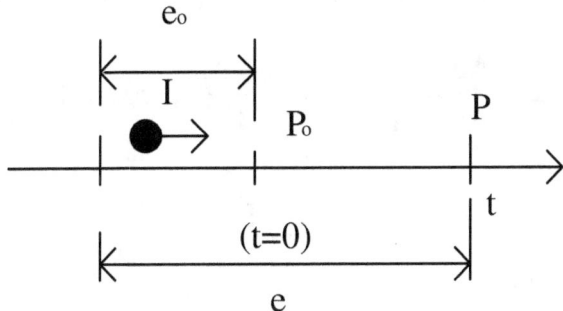

a) Ponto origem dos "estanques": para poder referir aos estancamentos que a carga irá apresentar em cada instante, estabeleci uma origem (0) arbitrária.

b) Instante origem dos tempos: Escolhi, para a contagem dos tempos, um instante também arbitrário.

Seja (P_0) o estanque de abcissa (e_0) da carga elétrica, no instante de origem dos tempos ($t = 0$).

Seja (P) o estanque de abcissa e da carga num instante (t).

Seja (e) a abcissa que caracteriza o estanque da carga elétrica no instante (t), com relação ao ponto de origem zero, e não o estanque apresentado por ela (e – e_0) no intervalo de tempo que se estende de (0 a t).

Introduzirei, então, uma lei que permita determinar o estanque que uma carga elétrica apresenta, com relação à origem zero fixada, em certo instante.

Durante o intervalo de tempo $t - 0 = t$ a carga apresenta realmente $e - e_0 = \Delta e$.

Da definição de radiância escalar média tem-se:

$$I_m = \frac{\Delta e}{\Delta t}$$

Como a radiância escalar média se iguala à radiância escalar instantânea ($I_m = I$), posso escrever que:

$$I = \frac{\Delta e}{\Delta t} = \frac{e - e_0}{t - 0} = \frac{e - e_0}{t} \text{ , portanto}$$

$$I = \frac{e - e_0}{t}$$

Logo:

$$e - e_0 = I.t$$

Assim, vem que:

$$e = e_0 + I.t$$

Mecânica Radiativa
Leandro Bertoldo

Esta é a equação horária da radiatividade elétrica, que permite determinar, em cada instante (t), o estanque da carga elétrica, com relação à origem zero.

18. Representação Cartesiana I

A) *Diagrama dos estanques*

Pretendo representar graficamente os diversos estanques apresentados pela carga elétrica em radiatividade elétrica uniforme. Tal radiatividade tem como equação horária $e = e_0 + I. T$. Esta apresenta forma de uma equação do primeiro grau, do tipo $y = a + b. x$, que tem como gráfico uma reta. Adotarei então os eixos cartesianos (x) e (y), tomando em seus lugares, respectivamente, (t) e (e).

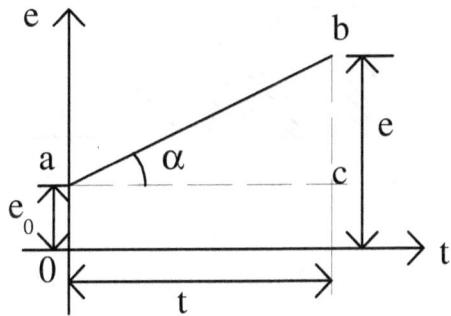

Considerando o triângulo retângulo abc, tem-se:

$$tg\alpha = \frac{\overline{bc}}{\overline{ac}} \stackrel{N}{=} \frac{e - e_0}{t - 0} = I$$

$$\boxed{tg\alpha \stackrel{N}{=} I}$$

Isto significa que a tangente trigonométrica do ângulo definido entre a reta dos estanques e o eixo dos tempos, fornece numericamente a radiância da carga.

B) *Diagrama das radiâncias*

Esse diagrama caracteriza a radiância em cada instante. Como essa radiância se mantém constante durante todo o processamento da radiatividade, o gráfico representativo será evidentemente expresso por uma reta paralela ao eixo dos tempos.

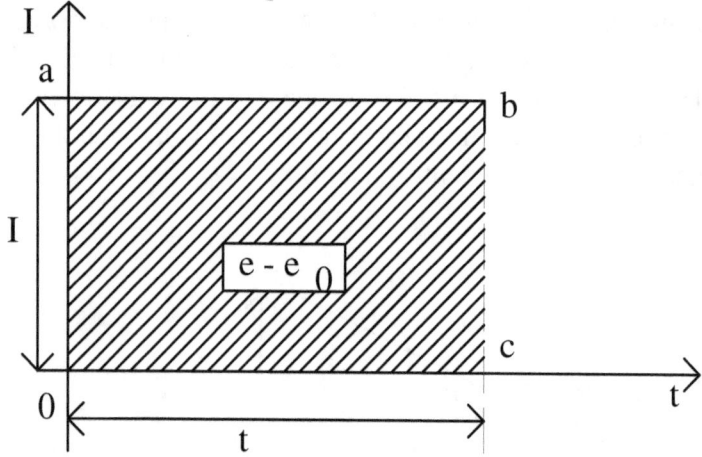

Observando então o retângulo definido pelos pontos o, a, b e c. Sua área expressa por:

Área = Base . Altura

$$A = (oc) . (bc) = t . I = I . t$$

Porém, sabe-se que:

$e = e_0 + I.t$; portanto , posso escrever:

$e - e_0 = I.t$

Então posso concluir que a área do retângulo fornece numericamente o estanque apresentado pela carga (e – e_0).

$$\text{área} \equiv e - e_0$$

Em símbolos:

$$\boxed{A \equiv e - e_0}$$

Dessa maneira, sempre que se almejar obter o estanque de fato apresentado pela carga em radiatividade elétrica uniforme, bastará simplesmente calcular a área do retângulo, cuja base representa o intervalo de tempo considerado e cuja altura (a) representa a radiância da carga elétrica.

C) *Diagrama da radiatividade ativa*

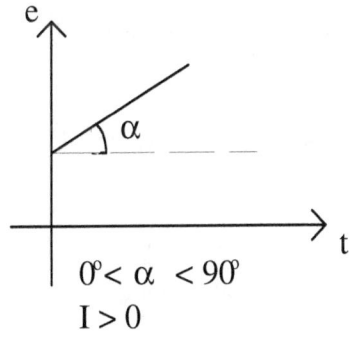
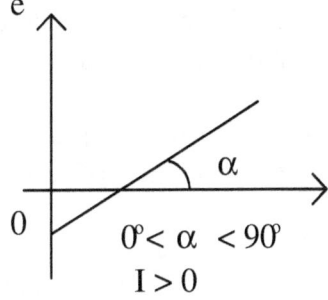

D - Diagrama da radiatividade desativa

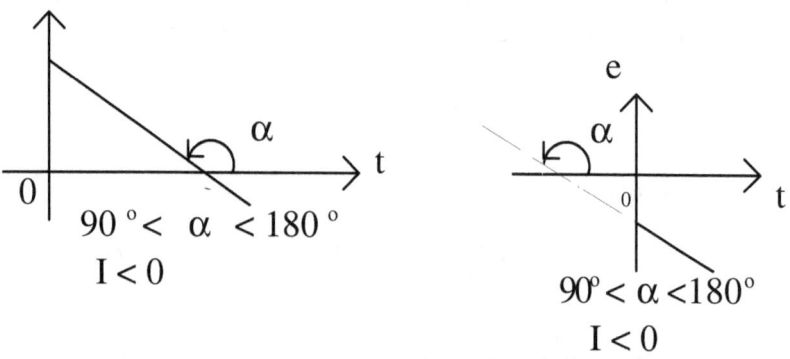

$90^\circ < \alpha < 180^\circ$
$I < 0$

$90^\circ < \alpha < 180^\circ$
$I < 0$

19. Radiatividade Elétrica Uniformemente Variada

Uma carga elétrica apresenta radiatividade elétrica uniformemente variada quando seu campo escalar se mantém absolutamente constante durante todo o processamento de sua radiatividade. Dessa maneira, posso concluir que:

a) as variações de radiâncias são diretamente proporcionais aos intervalos de tempo; isto é, a carga elétrica apresenta variações de radiâncias iguais em intervalos de tempos iguais;

b) em qualquer estágio da radiatividade, o campo escalar médio da carga é o mesmo;

c) em qualquer estágio, o campo escalar instantâneo da carga é o mesmo e ainda igual ao seu campo escalar médio em qualquer estágio da radiatividade.

Vou supor que as radiâncias escalares instantâneas sejam I_0, I_1, I_2,..., I_n nos respectivos instantes 0, t_1, t_2,..., t_n.

Observe que a radiância (I_0) da carga elétrica no instante origem dos tempos (t = 0) é genérica e, portanto, não precisa necessariamente ser igual a zero. Em outros termos, ao se iniciar a cronometragem dos tempos, a carga elétrica poderá estar ou não dotada de radiância. Então, fixando esquematicamente as radiâncias escalares instantâneas nos devidos instantes.

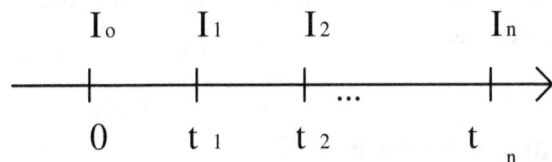

$$\frac{I_1 - I_0}{t_1 - 0} = \frac{I_2 - I_1}{t_2 - t_1} = \ ... \ = \frac{I_n = I_{n-1}}{t_n - t_1} \equiv \text{constante}$$

Essa constante de proporcionalidade é o próprio campo escalar da radiatividade elétrica. Tomando os intervalos de tempos (t = 0) e (t = t_n), verifica-se que nesse intervalo a radiância escalar da carga elétrica variou de I_0 a I_n. Portanto, o campo escalar é expresso em tal intervalo por:

$$E = \frac{I_n - I_0}{t_n - 0} = \frac{I_n - I_0}{t_n}$$

Assim, posso escrever que:

$$I_n - I_0 = E.t_n$$

Então, resulta:

$$I_n = I_0 + E.t_n$$

Como o índice (n) é genérico, pode-se suprimi-lo, escrevendo então:

$$I = I_0 + E.t$$

Esta equação das radiâncias de uma carga elétrica com radiatividade elétrica uniformemente variada, a qual possibilita obter para cada instante (t) a radiância escalar instantânea (I) da carga.

20. Representação Cartesiana II

A) *Diagrama das radiâncias*

A equação $I = I_0 + E.t$ caracteriza matematicamente uma equação do primeiro grau.

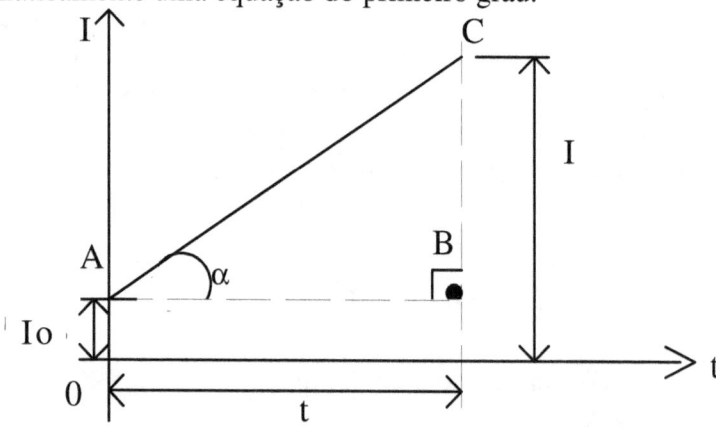

Considerando o triângulo retângulo ABC. Tem-se que:

$$tg\alpha = \frac{\overline{CB}}{\overline{AB}} \overset{N}{=} \frac{I - I_0}{I - 0} = E$$

$$\boxed{tg\alpha \overset{N}{=} E}$$

Evidentemente, o referido resultado significa que a tangente trigonométrica do ângulo (α), fornece numericamente o valor do campo.

B) *Sinais do campo*

Por intermédio do último gráfico posso afirmar que:
a) o campo será positivo ($E > 0$), quando o ângulo (α) definido entre a reta das radiâncias e o eixo dos tempos, for agudo ($0 < \alpha < 90°$); logo, sua tangente é positiva ($tg\alpha > 0$).

b) quando o ângulo (α) for obtuso ($90° < \alpha < 180°$), sua tangente será negativa ($tg\alpha < 0$) e, portanto, seu campo também ($E < 0$).
Graficamente tem-se:

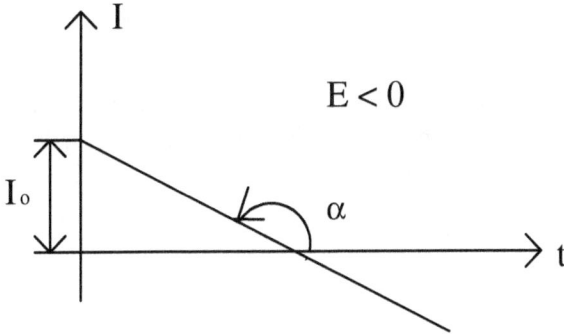

C) *Diagrama dos campos*

A radiatividade elétrica uniformemente variada apresenta como característica fundamental, o campo escalar constante, que pode ser caracterizado algebricamente de duas maneiras:

a) *Campo positivo*

O campo escalar positivo (E > 0) apresenta em seu diagrama uma reta paralela ao eixo dos tempos (E = constante), situada acima desse eixo.

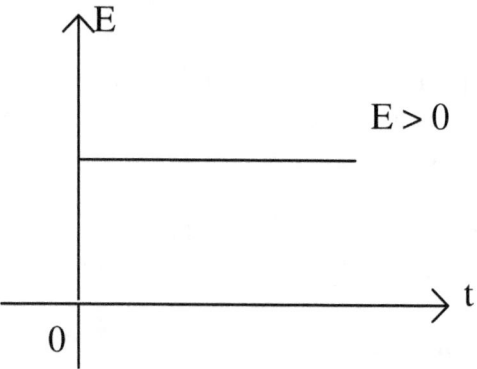

b) *Campo negativo*

O campo escalar negativo (E < 0) apresenta em seu diagrama uma reta paralela do eixo dos tempos (E = constante), situada abaixo desse eixo.

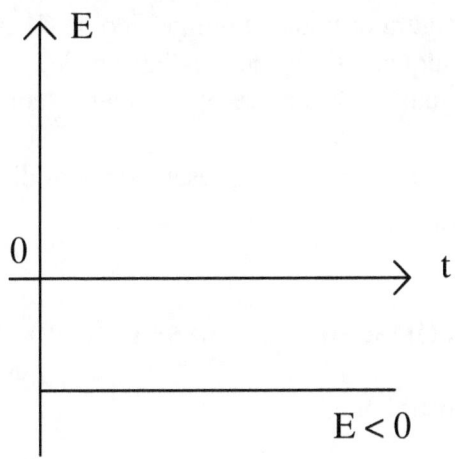

21. Equação dos Estanques

A equação $I = I_0 + E \cdot t$, como afirmei, permite obter a radiância (I) da carga elétrica no instante (t) qualquer. Observando o diagrama das radiâncias em função do tempo, nota-se que a figura compreendida entre a reta dos estanques e o eixo dos tempos é um trapézio que apresenta como base maior (I), base menor (I_0) e altura (t).

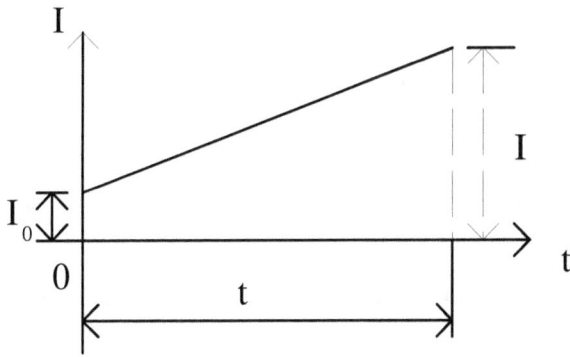

Demonstra-se facilmente que, ao se calcular a área apresentada pela figura oriunda de um gráfico de (I) em função de (t), em qualquer tipo de radiatividade, esta será numericamente igual ao estanque efetivamente concretizado pela carga elétrica.

A área do trapézio apresentado no diagrama é calculada por:

Área = (1/2) . (base maior + base menor) . altura

Demonstrei que:

$$\boxed{\text{área} = e - e_0}$$

Prosseguindo, posso escrever que:

$$e - e_0 = \frac{I_0 - I}{2}.t$$

Porém, como $I = I_0 + E.t$, substituindo convenientemente, resulta que:

$$e - e_0 = (1/2) . I_0 + (I_0 + E . t). t$$

$$e - e_0 = \frac{2.I_0.t + E.t}{2}.t$$

$$e - e_0 = \frac{2.I_0.t + E.t^2}{2}$$

Eliminando os termos em evidência, resulta que:

$$e - e_0 = I_0.t + \frac{1}{2}.E.t^2$$

Mecânica Radiativa
Leandro Bertoldo

Portanto:

$$e = e_0 + I_0.t + \frac{1}{2}.E.t^2$$

22. Representação Gráfica III

A última equação é do segundo grau, como se sabe, a representação gráfica dessa equação é uma parábola, cuja cavidade poderá estar voltada para cima ou para baixo, conforme o sinal de (½ E). Dessa maneira, o sinal que caracteriza a concavidade da parábola será o sinal do campo.

a) $E > 0$

Quando isso ocorre, a concavidade da parábola será voltada para cima.

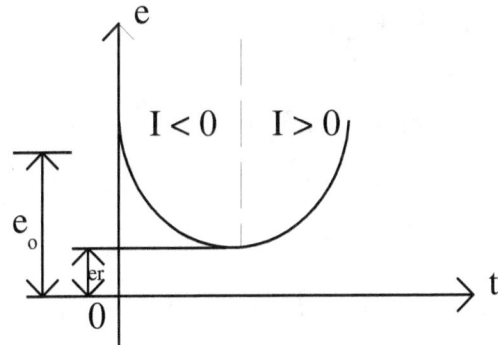

b) $E < 0$

Mecânica Radiativa
Leandro Bertoldo

Nesse caso, a concavidade da parábola será voltada para baixo.

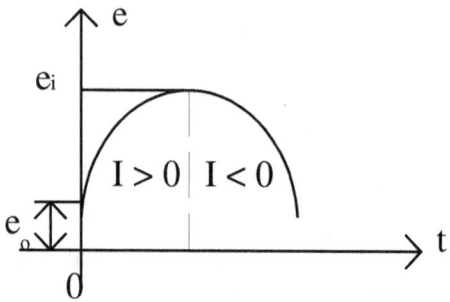

23. Média Aritmética das Radiâncias

Na radiatividade elétrica uniformemente variada, a radiância escalar média em qualquer intervalo de tempo é a média aritmética das radiâncias escalares (I_1) e (I_2), respectivamente nos instantes (t_1) e (t_2).
Demonstração:

a) $e_1 = e_0 + I_0 . t_1 + \dfrac{1}{2} E . t_1^2$

b) $e_2 = e_0 + I_0 . t_2 + \dfrac{1}{2} E . t_2^2$

De onde:

$e_2 - e_1 = I_0 . (t_2 - t_1) + (1/2) . E . (t_2^2 - t_1^2)$

$I_m = (e_2 - e_1)/(t_2 - t_1) = I_0 + (1/2) . E . (t_2 - t_1)$

$I_m = [(I_0 + E . t_1) + (I_0 + E . t_2)]/2$

$$I_m = \frac{I_1 + I_2}{2}$$

24. Quadrado da Radiância

As seguintes equações:

a) $I = I_0 + E.t;$

b) $e = e_0 + I_0.t + \frac{1}{2}.E.t^2$

Podem ser combinadas em uma única equação, que permite calcular as mesmas variáveis (I) e (e) sem que exista a necessidade do emprego do tempo.

A obtenção da referida equação se faz por meio da substituição do tempo de ambas as equações, como segue:

De (a) tem-se que:

$I - I_0 = E.t;$ logo:

$$t = \frac{I - I_0}{e}$$

Substituindo-se em (b), obtém-se que:

$$e = e_0 + I_0. (I - I_0/E) + (1/2). E. (I - I_0/E)^2$$

$$e = [(e_0 + I_0 . I/E) - (I^2_0/E)] - [(E/2) . (I^2 + I^2_0) - (2 . I . I_0/E^2)]$$

$$e = e_0 + \frac{I_0 . I}{E} - \frac{I_0^2}{E} + \frac{I^2}{2.E} + \frac{I_0^2}{2.E} - \frac{I_0 . E}{E}$$

$$e - e_0 = \frac{I^2}{2.E} - \frac{I_0^2}{E}$$

$$e - e_0 = [1/(2E)] . (I^2 - I_0^2)]$$

Portanto, vem que:

$$I^2 - I_0^2 = 2E (e - e_0)$$

$$\boxed{I^2 = I^2 + 2E . \Delta E}$$

25. Plano Inclinado

Suponha uma carga elétrica abandonada sobre um plano inclinado, sujeita à ação atrativa de um campo elétrico uniforme, oriundo de outra carga, manifestada através do campo elétrico da última carga. Se não existisse o plano inclinado, a radiatividade observada seria retilínea. No entanto, a existência de tal plano impossibilita que a carga radie livremente, fazendo com que a mesma efetue uma radiatividade segundo a reta de maior declive do plano inclinado, cujas características passarão a ser estabelecidas, com o emprego do esquema indicado na seguinte figura.

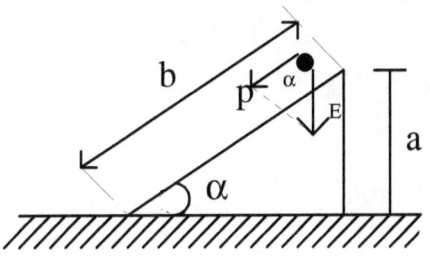

Observando a figura, nota-se que o campo (P) da radiatividade elétrica é obtido projetando-se o vetor campo elétrico uniforme (E) segundo a direção da reta de maior declive do plano, ou seja:

$$\boxed{P = E.\text{sen}\,\alpha}$$

Como a radiância da radiatividade é constante, então se conclui que essa radiatividade elétrica é uniformemente variada. Assim, suas equações assumem a seguinte forma:

a) $e = e_0 + I_0 \cdot t + (1/2) \cdot p.t^2$
b) $I = I_0 + p \cdot t$
c) $I^2 = I^2_0 + 2 \cdot p \cdot (e - e_0)$

Porém, considerando que:

$a_1)\ e_0 = 0$

$b_1)\ I_0 = 0$

$c_1)\ p = E.\text{sen}\,\alpha$

Então posso escrever:

a_2) $e = (1/2) . E . (sen\alpha). t^2$
b_2) $I = E. (sen\alpha). t$
c_2) $I^2 = 2. E. (sen\alpha). e$

26. Radiatividade Angular

Digo que uma carga apresenta radiatividade angular se a mesma apresentar a descrição de uma circunferência.

Uma série de fenômenos é angulares, o que vem a destacar a relevância do estudo que farei. Entre vários posso citar como exemplo o átomo e seus elétrons.

A seguir apresento alguns conceitos iniciais que são absolutamente indispensáveis:

a) *Estanque angular*

Denomina-se estanque angular de uma carga que percorre uma trajetória circular o quociente do estanque linear, inversa pelo raio.

Simbolicamente, o referido enunciado é expresso pela seguinte relação:

$$\varphi = \frac{e}{R}$$

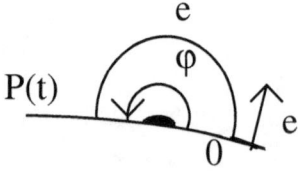

Onde (φ) caracteriza o estanque angular.

Mecânica Radiativa
Leandro Bertoldo

b) *Variação de estanque angular*

Quando uma carga apresenta um estanque angular (φ_1) e passa para um estanque angular (φ_2), seu estanque efetivo será expresso por:

$$\Delta\varphi = \varphi_2 - \varphi_1$$

c) *Radiância angular média*

A radiância angular média é igual ao quociente da variação do estanque angular, inversa pela variação do tempo. O referido enunciado é expresso simbolicamente pela seguinte relação:

$$\omega_m = \frac{\Delta\omega}{\Delta t}$$

d) *Campo elétrico angular médio*

Em se tratando de radiatividade elétrica angular, o campo elétrico angular médio (α_m) será definido como sendo o quociente da variação da radiância angular média, inversa pela variação do tempo.

Simbolicamente, o referido enunciado é expresso pela seguinte relação:

$$\alpha_m = \frac{\Delta\omega}{\Delta t}$$

27. Radiatividade Elétrica Angular e Uniforme

Digo que uma carga apresenta radiatividade elétrica angular e uniforme se descrever uma circunferência e se sua radiância escalar é constante.

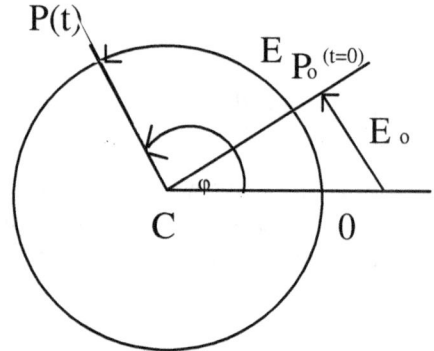

Seja (P_0) o ponto onde se localiza a carga elétrica no instante ($t = 0$). Seja (P) um ponto onde se localiza a carga em um momento qualquer (t).

Através da figura anterior pode-se concluir que:

a) O estanque da carga, entre os instantes ($t = 0$) e (t), é de ($e - e_0$);

b) (e_0) o corresponde à abcissa que define o estanque da carga no instante ($t = 0$);

c) (e) corresponde à abcissa que define o estanque da carga no instante t.

Como a radiatividade elétrica é uniforme, tem-se que:

$$e = e_0 + I.t$$

Mecânica Radiativa
Leandro Bertoldo

Esta equação permite determinar o estanque da carga elétrica em um instante t qualquer, sendo que tal estanque é caracterizado pelo arco de uma circunferência que se estende desde a origem (0) fixada até o ponto (P). Entretanto, o estanque da carga elétrica no instante (t), pode ainda ser definido pelo estanque angular (φ). Então através da figura anterior, tem-se que:

a_1) O estanque angular da carga elétrica entre os instantes (t = 0) e (t $\neq$ 0), é de ($\varphi - \varphi_0$);

b_1) (φ_0) caracteriza o estanque inicial da carga elétrica no instante (t = 0);

c_1) (φ) caracteriza o estanque.

Observa-se facilmente que o estanque inicial (φ_0) corresponde ao estanque linear (e_0), tomados sobre a mesma circunferência, e (φ) corresponde ao estanque linear (e). Como, entre o estanque angular e o estanque linear, subsiste a seguinte relação:

$$\varphi = \frac{e}{R}$$

Então, posso escrever que:

a_2) $e = \varphi.R$

b_2) $e_0 = \varphi_0.R$

Como $e = e_0 + I.t$, tem-se:

$\varphi.R = \varphi_0.R + I.t$; isto implica que:

$\varphi.R - \varphi_0.R = I.t$; logo vem que:

$$I = R \cdot (\varphi - \varphi_0)/t = R \cdot (\varphi - \varphi_0)/t$$

Como $\dfrac{\varphi - \varphi_0}{t} = \omega_m = \omega$

Então, tem-se que:

$$\boxed{I = \omega.R}$$

A presente expressão traduz a relação entre a radiância escalar (I) e a radiância angular (φ).

Substituindo convenientemente os valores e, (e_0) e (I) na seguinte expressão: $(e = e_0 + I. t)$, resulta que:

$$\varphi.R = \varphi_0.R + \omega.R.t$$

Eliminando os termos em evidência, resulta que:

$$\boxed{\varphi = \varphi_0 + \omega.t}$$

28. Frequência, Período e Outras Definições

a) A frequência (f) é definida como sendo o número de revoluções completas efetuadas pela carga elétrica na unidade de tempo.

b) O período (T) é definido como sendo o menor intervalo de tempo gasto para que a carga elétrica efetue uma revolução completa.

Resulta daí que a frequência e o período são relações inversas um do outro; ou seja:

$$T = \frac{1}{f}$$

Suponha que a uma carga elétrica realize uma revolução completa. Como o tempo gasto para a carga concluir uma revolução completa é o próprio período tem-se que:

$$\omega = \frac{\Delta\varphi}{\Delta t} \Rightarrow \qquad \omega = \frac{\Delta\varphi}{T}$$

Como $\frac{1}{T} = f$, tem-se:

$$\omega = \Delta\varphi . f$$

Por outro lado, como ($I = \omega$. R), substituindo (ω), resulta que:

$$I = \frac{\Delta\varphi}{T} . R = \Delta\varphi . f . R$$

É possível demonstrar, com o auxílio de um teorema vetorial que o campo elétrico circular é igual ao quociente do quadrado da radiância, inversa pelo raio.

Simbolicamente, o referido enunciado é expresso pela seguinte relação:

$$E_c = \frac{I^2}{R}$$

O campo elétrico que resulta da referida radiatividade elétrica, pode ainda ser expresso através da seguinte equação:
Porém, como $(I = \omega \cdot R)$; resulta que:

$$E_c = (\omega \cdot R)^2/R$$

Eliminando os termos em evidência, resulta que:

$$\boxed{E_c = \omega^2 \cdot R}$$

Isso me permite concluir que o campo elétrico oriundo da radiatividade elétrica angular é igual ao quadrado da radiância angular em produto com o raio.

29. Forma Angular da Radiatividade Elétrica Uniformemente Variada

a) *Equação das radiâncias*

Partindo da equação das radiâncias escalares em função do tempo, expressas pela radiatividade elétrica uniformemente variada, tem-se que:

$$\boxed{I = I_0 + E \cdot t}$$

Empregando a relação existente entre as radiâncias escalar e angular; ou seja:

b) $I = \omega \cdot R$

c) $I_0 = \omega_0 . R$

Logo posso escrever que:

$I = I_0 + E.t$
$\omega.R = \omega_0.R + E.t$
$E.t = \omega.R - \omega_0.R$
$E.t = (\omega - \omega_0).R$

$$\frac{E}{R} = \frac{\omega - \omega_0}{t} = \frac{\Delta\omega}{t}$$

O campo elétrico angular (α) é expresso por:

$$\alpha = \frac{\Delta\omega}{t}$$

Então, igualando convenientemente, resulta que:

$$\boxed{\frac{E}{R} = \alpha}$$

Isto vem a fornecer, portanto, a relação entre o campo elétrico escalar (E) e o campo elétrico angular (α).
Sabe-se que:

$$\alpha = \frac{\omega - \omega_0}{t} \quad ; \text{logo vem que:}$$

$$\boxed{\omega = \omega_0 + \alpha.t}$$

Esta é a equação que fornece a radiância angular em qualquer instante (t), para uma carga elétrica em radiatividade elétrica angular uniformemente variada.

d) Equação angular

Demonstrei que a equação dos estanques de uma carga em radiatividade elétrica uniformemente variada é expressa por:

$$e = e_0 + I_0.t + \frac{1}{2}E.t^2$$

Porém sabe-se que:

e) $e = \varphi.R$

f) $e_0 = \varphi_0.R$

g) $I_0 = \omega_0.R$

h) $E = \alpha.R$

Substituindo convenientemente e eliminando os termos em evidência, resulta que:

$$\boxed{\varphi = \varphi_0 + \omega_0.t + \frac{1}{2}\alpha.t^2}$$

Assim, está exposto a equação que traduz o estanque angular de uma carga elétrica em função do tempo para uma radiatividade elétrica angular uniformemente variada.

i) Equação independente do tempo

Demonstrei que:

$$I^2 = I_0 + 2.E.\Delta e$$

Porém sabe-se que:

j) $I^2 = \omega^2 . R^2$

k) $I_0^2 = \omega_0^2 . R^2$

l) $E = \alpha . R$

m) $\Delta e = \Delta\varphi . R$

Substituindo convenientemente, resulta que:

$$\omega^2 . R^2 = \omega_0^2 . R^2 + 2.\alpha . R . \Delta\varphi . R \; ; \text{ então posso}$$

escrever que:

$$(\omega^2 - \omega_0^2) . R^2 = 2 . \alpha . \Delta\varphi . R^2 \text{; eliminando os}$$

termos em evidência resulta que:

$$\omega^2 - \omega_0^2 = 2.\alpha.\Delta\varphi$$

Assim, posso escrever que:

$$\boxed{\omega^2 = \omega_0^2 + 2.\alpha.\Delta\varphi}$$

E assim, apresento a equação que fornece a radiância angular em função do estanque angular, independente do tempo.

Mecânica Radiativa
Leandro Bertoldo

2. Radinâmica

1. Introdução

A radinâmica é a parte da mecânica radiativa que estuda tanto as correlações entre as radiatividades elétricas – causas e efeitos – quanto às relações entre as radiatividades elétricas e a carga elétrica que se desloca.

A radinâmica apoia-se fundamentalmente nas leis newtonianas e nas leis eletrostáticas da carga elétrica.

2. Noção de Força

A princípio, a noção de força é intuitiva; pois, ao se mencionar a palavra força, logo vem à mente a ideia de esforço muscular.

Independentemente das causas que provocam o aparecimento da força; elas são sempre estudadas pelos efeitos que provocam. E em radinâmica, o efeito principal de uma força que caracteriza uma carga elétrica é a variação da radiância.

Logo, posso afirmar que: força é toda e qualquer ação que pode provocar as variações de radiâncias de uma carga elétrica.

3. Força Elétrica

O conceito elétrico de força mostra claramente ser a força o fenômeno físico responsável pelo campo elétrico de uma carga.

Uma carga ao ser imersa em um campo elétrico, adquire uma intensidade de força que depende diretamente da intensidade do campo elétrico ao qual está imersa. Entretanto, a mesma carga pode ser submetida à mesma intensidade de força, sem estar imersa em um campo elétrico produzido por uma carga referência, e apresentar particularmente um campo elétrico em si.

A experiência revela que a radiância de uma carga muda somente quando sobre ela se aplica uma força.

Mostrei que, alterações de radiâncias ocorrem quando existe campo elétrico. Isso me permite afirmar que a ação de uma força traz como consequência imediata o aparecimento de um campo elétrico, cujas características são expressas pelo seguinte enunciado: "a intensidade de força que caracteriza o estado de uma carga elétrica é igual ao produto de sua carga elétrica é igual ao produto de sua carga elétrica pelo campo que aparece".

Simbolicamente, o referido enunciado é expresso por:

$$F = q.E$$

4. Cargas Ligadas

Passarei a estudar as forças que atuam sobre uma carga elétrica e sobre outros elementos a ela ligados, em situações distintas.

a) Supondo uma carga elétrica (q) suspensa por um fio eletricamente neutro e inextensível, cuja outra extremidade encontra-se fixa a um referencial inercial, conforme o indicado no seguinte esquema.

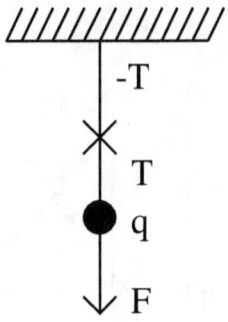

Sobre a carga elétrica atuam duas forças: que considerei como sendo uma atrativa (F), dirigida verticalmente, conforme o esquema, e a tensão (T) devida ao fio, dirigida verticalmente e oposta à ação da força atrativa. Estando a carga em equilíbrio, sob a ação das forças, a resultante obrigatoriamente deverá ser nula e, portanto, a tensão no fio apresenta uma intensidade igual à intensidade da força que atrai a carga elétrica. Logo:

$$F = T$$

b) Na próxima experiência, considere duas cargas elétricas sob a ação de uma força atrativa; considere também que as cargas não sofram ações mútuas; separadas por uma parede.

Então, sejam duas cargas elétricas (q_1) e (q_2) (sendo $q_1 > q_2$), ligadas por um fio ideal, que passa por uma roldana, como o indicado na seguinte figura.

Mecânica Radiativa
Leandro Bertoldo

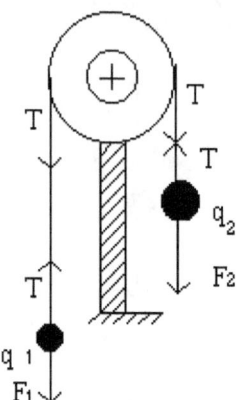

Um dispositivo desse tipo é denominado por máquina de Atwood.

Para facilitar o estudo de todas as forças, que atuam no sistema, basta isolar cada carga e estuda-la separadamente.

I) Forças que atuam sobre a carga elétrica q_1: a tensão do fio T e a força F_1.

II) Forças que atuam sobre a carga elétrica q_2: a tensão do fio T e a força F_2.

Aplicando então a seguinte lei: (F = q. E), separadamente em cada uma das cargas; vem que:

a) *Carga elétrica q_1.*

A soma total das forças que atuam sobre a carga (q_1) é responsável pelo campo elétrico (E), que adquire. A carga deverá subir, pois a tensão (T) exercida pelo fio supera a força (F_1) da mesma, determinando uma resultante (q_1. E), dirigida verticalmente para cima. Logo:

A)

$$\boxed{T - F_1 = q_1.E}$$

b) *Carga elétrica q₂.*

Naturalmente, a carga elétrica (q_2) deverá descer, sob a ação do mesmo campo elétrico que caracteriza a carga (q_1). Nesse caso, a força (F_2) da carga supera a tensão (T) exercida pelo fio, provocando uma resultante (q_2. E), dirigida verticalmente para baixo. Desse modo:

B)
$$\boxed{F_2 - T = q_2.E}$$

Juntando-se as equações (A e B), tem-se o seguinte sistema:

$$T - F_1 = q_1.E$$
$$F_2 - T = q_2.E$$

Como as forças (F_1) e (F_2) que caracterizam as cargas existem porque estão imersas em um campo elétrico de intensidade (L); então, posso afirmar que ($F_1 = q_1$. L) e ($F_2 = q_2$. L), resulta:

$$T - q_1.L = q_1.E$$
$$q_2.L - T = q_2.E$$

Somando as duas equações, tem-se que:

$$(q_2 - q_1) . L = (q_1 + q_2) . E$$

Portanto, vem que:

$$E = (q_2 - q_1/q_1 + q_2) . L$$

Retornando à equação:

$$T - q_1 . L = q_1 . E$$

E substituindo o valor de (E), obtém-se que:

$$T - q_1 . L = q_1 . (q_2 - q_1/q_1 + q_2) . L$$

$$T - q_1 . L = (q_1 . q_2 - q^2_1/q_1 + q_2) . L$$

$$T = q_1 . L + (q_1 . q_2 - q^2_1/q_1 + q_2) . L$$

$$T = L . [q_1 + (q_1 . q_2 - q^2_1/q_1 + q_2)]$$

$$T = L . (q^2_1 + q_1 . q_2 + q_1 . q_2 - q^2_1)/q_1 + q_2$$

Portanto, resulta que:

$$T = (2 . q_1 . q_2/q_1 + q_2) . L$$

5. Impulso Elétrico

Vou supor que sobre uma carga esteja atuando uma intensidade de força constante, durante um dado intervalo de tempo (Δt).

Define-se então o impulso como sendo igual a uma intensidade de força constante em produto como intervalo de tempo que atua.

Simbolicamente, o referido enunciado é expresso por:

$$\boxed{i = F.\Delta t}$$

6. Quantidade de Movimento Elétrico

O teorema do impulso afirma que o impulso da força resultante que atua sobre uma carga elétrica de carga (q), durante um dado intervalo de tempo (Δt), é igual à variação de sua quantidade de movimento, nesse mesmo intervalo.

Simbolicamente, o referido enunciado é expresso pela seguinte igualdade:

$$\boxed{i = \Delta Q}$$

Porém, a mecânica newtoniana, mostra que: ($i = F. \Delta t$).

Então, substituindo convenientemente as duas últimas equações, obtém-se:

$$\boxed{\Delta Q = F. \Delta t}$$

Porém, a eletrostática, mostra que a intensidade de força que atua sobre uma carga elétrica é igual ao valor da carga em produto com o campo.

Simbolicamente, o referido enunciado é expresso por:

$$\boxed{F = q.E}$$

Substituindo convenientemente as duas últimas equações, obtém-se:

$$\boxed{\Delta Q = q.E.\Delta t}$$

No capítulo anterior, demonstrei que a variação da radiância é igual ao valor do campo elétrico em produto com a variação de tempo.

O referido enunciado é expresso simbolicamente por:

$$\Delta I = E . \Delta t$$

Então, substituindo convenientemente as duas últimas equações, obtém-se que:

$$\Delta Q = q . \Delta I$$

Logo, posso concluir que a variação da quantidade de movimento de uma carga elétrica é igual ao valor da carga em produto com a variação da radiância.

Portanto, suponha agora uma carga elétrica (q) animada, num certo instante, de radiância (I). Entende-se por quantidade de movimento dessa carga nesse instante, a seguinte grandeza:

$$Q = q . I$$

7. Relação entre Quantidade de Movimento Newtoniano

A mecânica newtoniana define a quantidade de movimento como sendo igual ao valor da massa em produto com a velocidade.

Simbolicamente, o referido enunciado é expresso por:

$$Q = m . v$$

Por outro lado, defino a quantidade de movimento como sendo igual ao valor da carga elétrica em produto com a radiância.

Simbolicamente, o referido enunciado é expresso por:

$$Q = q \cdot I$$

Ambas, as quantidades de movimentos são as mesmas; logo, igualando convenientemente as duas últimas expressões, resulta que:

$$\boxed{m \cdot v = q \cdot I}$$

Isolando a radiância, vem que:

$$\boxed{I = \frac{m \cdot v}{q}}$$

Assim, posso afirmar que a radiância de uma carga elétrica é igual ao valor da massa em produto com a velocidade, inversa pelo da carga.

8. Força Centrífuga

Considere uma carga elétrica (q) percorrendo uma trajetória curvilínea qualquer. Suponha que, em um dado instante qualquer, sua radiância vetorial seja igual a ($\vec{I}$). Como se sabe, a radiância vetorial muda a cada instante. O princípio da inércia na mecânica newtoniana permite concluir que a carga continuaria para sempre com a mesma radiância vetorial; ou melhor, não emitiria e nem absorveria radiação; desse modo, apresentaria a mesma intensidade, mesmo sentido estancal, caso nenhuma força atuasse sobre a carga. Sabe-se que o corpo descreve uma trajetória estancal curvilínea, tendo, portanto radiância vetorial variável. Portanto, existe uma força responsável pela trajetória curvilínea, é denominada por força centrífuga.

A presente teoria permite concluir que:

$$F_c = \frac{q.I^2}{R}$$

Logo, posso afirmar que a força centrífuga é igual ao valor da carga elétrica em produto como o quadrado da radiância, inversa pelo raio de sua órbita.

Num exemplo, de aplicação imediata, é caracterizado pelo elétron que se estanca em torno no núcleo atômico em órbita aproximadamente circular.

3. Radionergética

1. Introdução

No presente capítulo iniciarei o estudo da radionergética. Ela caracteriza a parte da mecânica radiativa que estuda o trabalho e a energia elétrica de uma carga. Afirmei, em capítulos anteriores que, as radiatividades elétricas são classificadas em duas amplas categorias:

a) Radiatividades uniformes, são caracterizadas pelas cargas elétricas que possuem radiância constante; ou seja, não emitem e nem absorvem radiação, portanto, tal carga não emite e nem absorve energia radiante.

b) Radiatividades variáveis são aquelas caracterizadas pelas cargas elétricas que apresentam radiância variáveis. Portanto, estão emitindo ou absorvendo energia radiante.

Evidentemente, a radionergética permite calcular a quantidade de energia radiante emitida ou absorvida por uma carga elétrica; bastando simplesmente observar como ocorre a variação da energia cinética de tal carga.

2. Trabalho de uma Força Elétrica

Considere uma carga elétrica no estado radiativo, a qual está sujeita à ação de uma força constante, durante todo o decorrer da radiatividade elétrica da carga. Suponha que durante um determinado intervalo de tempo (Δt), a carga tenha apresentado um estanque (Δe). Define-se por trabalho dessa força elétrica constante, durante o intervalo de tempo considerado, o produto da intensidade de força. Pelo estanque e pelo cosseno do ângulo (α) formado entre a força e o estancamento.

Simbolicamente, o referido enunciado é representado por:

$$\mathfrak{I}_\mathfrak{R} = F.\Delta e.\cos\alpha$$

Observe as seguintes conclusões:

a) O trabalho de uma força será nulo quando esta for perpendicular ao estanque;

b) O trabalho será nulo quando existir força aplicada, mas não existir estanque;

c) O trabalho radiativo é uma grandeza puramente escalar;

3. Natureza do Trabalho

Os trabalhos são classificados em duas categorias: "trabalho motor", ocorre quando o mesmo é positivo e a força não opõe resistência, e "trabalho resistente", é aquele que ocorre quando a força se opõe ao deslocamento e o mesmo é negativo.

Essas duas características do trabalho são comuns na natureza.

4. Potência

Em problemas técnicos é fundamental considerar a rapidez da realização de determinado trabalho. Portanto, define-se uma grandeza física denominada por potência.

A potência é igual ao quociente do trabalho, inverso pela variação de tempo.

Simbolicamente, o referido enunciado é expresso pela seguinte relação:

$$p = \frac{\Im}{\Delta t}$$

Como o trabalho realizado por uma força, é expresso por:

$$\Im = F.\Delta e$$

Substituindo convenientemente as duas últimas expressões, resulta que:

$$p = \frac{F.\Delta e}{\Delta t}$$

Porém, demonstrei que:

$$I = \frac{\Delta e}{\Delta t}$$

Substituindo convenientemente as duas últimas expressões resulta que:

$$p = F.I$$

Logo posso concluir que a potência elétrica é igual à intensidade da força elétrica em produto com a radiância, na radiatividade uniforme.

5. Energia

A energia é definida como sendo a medida da capacidade da carga ao realizar um trabalho. Genericamente, um sistema qualquer é dotado de energia quando é capaz de realizar espontaneamente um trabalho.

Portanto, posso escrever que:

$$\boxed{E = \mathfrak{I}}$$

6. Energia Radiante

Energia radiante é aquela que uma carga apresenta em virtude de sua radiatividade elétrica. Ou seja, é a energia que uma carga elétrica emite ou absorve, evidentemente de acordo com a natureza de seu movimento.

Então, suponha que uma carga elétrica (q) esteja no estado inercial. Ao se aplicar uma força constante, tal carga adquire uma aceleração e, portanto uma radiatividade elétrica absorvitante. Calculando então o trabalho que a força conclui, durante um determinado estancamento (Δe) da carga elétrica, vem que:

$$\mathfrak{I} = F.\Delta e$$

Como: $F = q.E$, resulta:

$$\mathfrak{I} = q.E.\Delta e$$

Mas sabe-se que:

$$I^2 = 2.E.\Delta e \quad \text{portanto} \quad \frac{I^2}{2} = E.\Delta e$$

Substituindo **E. Δe em ℑ**, tem-se que:

$$\Im = \frac{q.I^2}{2} = Er$$

Digo, assim, que a carga elétrica (q), possuindo radiância elétrica (I), tem uma capacidade de realizar trabalho, a qual foi denominada por energia radiante da carga elétrica. Logo, representando por (Er) a energia radiante da carga elétrica de radiância (I), tem-se que:

$$\boxed{Er = \frac{1}{2}q.I^2}$$

7. Energia Radiativa Potencial

Energia radiativa potencial é aquela que uma carga apresenta em virtude de seu estanque.

Suponha, então, que uma carga elétrica (q) esteja num certo estanque, tomado em relação a um ponto de referência. Como se sabe, a força (F = q. e) realizará certo trabalho expresso por:

$$\boxed{\Im = F.e}$$

No entanto, se a carga for mantida em um nível de estanque, o trabalho que realizaria a força para desloca-la estaria nela armazenada. Esse trabalho armazenado na carga, enquanto não existe radiatividade elétrica, mede exatamente a energia radiativa potencial da carga. Representando-se então por (**Eₚ**) a energia radiativa potencial da carga em um determinado nível de estancamento tem-se:

$$E_p = q.E.e$$

8. Conservação da Energia Radiativa

Define-se a conservação da energia radiativa (W) de um sistema, num dado instante, como a soma das energias radiante e radiativa potencial do sistema, nesse instante. Simbolicamente, tem-se:

$$W = E_r + E_p$$

O teorema da conservação da energia radiativa afirma que a energia radiativa conservada em um sistema de cargas ou de uma carga submetidas à ação de forças conservativas, permanece constante.

Isto significa que à medida que a energia radiativa potencial diminui a energia radiante, em contrapartida, cresce, porém de tal forma, que a soma dessas energias em qualquer instante, permanece sempre constante.

9. Energia Cinética e Energia Radiante

A energia cinética de uma carga elétrica é definida como sendo igual à metade da massa de tal carga em produto com o quadrado da velocidade que a mesma apresenta.

Simbolicamente, o referido enunciado é expresso por:

$$E_c = \frac{1}{2}m.v^2$$

Porém, o princípio da conservação da energia, exige que:

$$\boxed{E_c - E_r = 0}$$

Ou seja, a energia cinética corresponde à energia radiante.

Portanto, posso afirmar que, quando uma carga elétrica perde energia cinética, esta emite energia radiante. Logo, a quantidade de energia cinética que desaparece, reaparece em forma de energia radiante.

10. Raios X

Em 1895, o físico alemão Wilhelm Roentgen, descobriu que, quando um feixe de elétrons, com grande quantidade de energia cinética, atinge um alvo metálico, eles perdem parte de sua energia cinética e emitem energia radiante.

Este é um dos inúmeros efeitos que permitem constatar a realidade desta teoria.

4. Resumo Matemático

1. Introdução

No presente capítulo vou procurar resumir matematicamente e didaticamente a teoria que venho propondo nesta obra.

2. Definição de Força

A eletrostática clássica define a intensidade de força como sendo igual ao calor da carga elétrica em produto com o campo elétrico dinâmico ou oriundo de uma carga de referência.

Simbolicamente, o referido enunciado é expresso por:

$$\boxed{F = q.E}$$

3. Definição de Impulso

O impulso de uma força é definido como sendo igual à intensidade da força em produto com a variação de tempo.

O referido enunciado é expresso simbolicamente por:

$$\boxed{i = F.\Delta t}$$

4. Definição da Igualdade da Quantidade de Movimento

A física clássica demonstra largamente que o impulso é igual à variação da quantidade de movimento.
Simbolicamente, o referido enunciado é expresso por:

$$i = \Delta Q$$

5. Definição de Radiância

Substituindo convenientemente a expressão do item 2, 3 e 4 vêm que:

$$\Delta Q = q . E . \Delta t$$

Porém, defini a radiância de uma carga elétrica como sendo igual ao campo elétrico em produto com o tempo.
Simbolicamente, o referido enunciado é expresso por:

$$\Delta I = E . \Delta t$$

Substituindo convenientemente as duas últimas expressões, resulta que:

$$\Delta Q = q . \Delta I$$

Mecânica Radiativa
Leandro Bertoldo

6. Definição de Força em Relação à Quantidade de Movimento

A mecânica clássica define a intensidade de força como sendo igual ao quociente da variação da quantidade de movimento, inverso pela variação de tempo.

Simbolicamente, o referido enunciado é expresso por:

$$F = \frac{\Delta Q}{\Delta t}$$

Igualando convenientemente as duas últimas expressões, resulta que:

$$F = \frac{\Delta Q}{\Delta t} = \frac{q.\Delta I}{\Delta t}$$

Porém, no item cinco do presente capítulo, demonstrei que:

$$E = \frac{\Delta I}{\Delta t}$$

Substituindo convenientemente as duas últimas expressões, resulta que:

$$F = q.E$$

Que corresponde à definição eletrostática de força elétrica.

E assim, creio ter estabelecido o resumo matemático das principais equações desta obra.

Mecânica Radiativa
Leandro Bertoldo

Mecânica Radiativa
Leandro Bertoldo

5. Modelo Atômico Elementar

1. Introdução

Neste capítulo será apresentada a radiatividade elétrica aplicada ao modelo atômico elementar. Evidentemente, um dos temas mais interessantes da Física Quântica é o átomo. E os antigos gregos foram os primeiros a suspeitarem da existência do átomo. E através deles tentaram explicar uma série de propriedades da matéria, entre as quais se destaca a densidade, porosidade, etc.

Somente no século XIX, John Dalton, propôs um modelo atômico baseado em fatos científicos. Tal modelo tornou possível o rápido desenvolvimento da química no século XVIII.

Em 1911, Ernest Rutherford propôs um novo modelo atômico, o qual apresentava o elétron movendo-se em torno de um núcleo, segundo uma curva chamada círculo.

Em 1913, Niels Bohr, apresentou uma teoria matemática para a estrutura do átomo de Rutherford. E em tal modelo, aplicarei a presente teoria que venho propondo.

2. Lei de Coulomb

Coulomb demonstrou experimentalmente uma lei, a qual confirma que as cargas elétricas interagem à distância, com forças chamadas elétricas. Tais forças elétricas são funções do inverso do quadrado da distância e dependem da carga elétrica em jogo.

A lei do Coulomb afirma que duas cargas quaisquer se atraem e se repelem com forças proporcionais às suas cargas elétricas e inversamente proporcionais ao quadrado da distância entre seus centros.

Simbolicamente, o referido enunciado é expresso por:

$$F = K \cdot \frac{Q.q}{d^2}$$

3. Campo Elétrico do Átomo

A força de atração elétrica do núcleo sobre os elétrons é expressa por:

$$F = K \frac{Q.q}{r^2}$$

Onde Q é a carga do núcleo, R o seu raio, e q é a carga do elétron.

Como $(F = q.\ E)$ é a própria força de atração, vem:

$$F = q.E = K \cdot \frac{Q.q}{r^2}$$

Portanto, resulta que:

$$E = K \cdot \frac{Q}{r^2}$$

4. Radiância do Elétron

Demonstrei que:

a) $E_c = \dfrac{I^2}{R}$

b) $E = \dfrac{K.Q}{R^2}$

Como:

$$E_c = E$$

Então vem que:

$$\frac{I^2}{R} = \frac{K.Q}{R^2}$$

Assim resulta que:

$$\boxed{I = \sqrt{\frac{K.Q}{R}}}$$

5. Energia Radiante

Conhecida a radiância do elétron, o raio, determina-se sua energia radiante.

Demonstrei que:

$$I = \sqrt{\frac{K.Q}{R}}$$

Portanto, vem que:

$$I^2 = \frac{K.Q}{R}$$

Como:

$$W_r = \frac{q.I^2}{2}$$

Vem que:

$$\boxed{W_r = \frac{K.q.Q}{2R}}$$

Adotando-se referencial ao infinito, a energia potencial do elétron, será, evidentemente, dada por:

$$\boxed{W_p = -K\frac{Q.q}{R}}$$

A energia total do sistema será expressa por:

$$W = W_r + W_p = \frac{1}{2}\frac{K.Q.q}{R} - \frac{K.Q.q}{R}$$

Portanto:

$$\boxed{W = -\frac{K.Q.q}{2R}}$$

6. Radiância de Escape do Elétron

O elétron orbita em torno do núcleo atômico sob a ação da força elétrica oriunda dos prótons que é uma força conservativa. O elétron próximo do próton tem energia potencial $E_p = q.E.R$. Evidentemente o elétron para poder orbitar, sem colidir com o núcleo atômico, deve obrigatoriamente, apresentar uma energia cinética (associada à velocidade inicial V_0) superior ou igual a sua energia potencial; ou seja, deve apresentar uma energia radiante (associada à radiância inicial I_0) superior ou igual a sua energia potencial:

$$E_r \geq E_p$$

$$\frac{q.I_0^2}{2} = q.E.R$$

que:

Eliminando os termos em evidência, posso escrever

$$I_0^2 \geq 2.E.R$$

$$\boxed{I_0 \geq \sqrt{2}.\sqrt{E.R}}$$

A radiância $\sqrt{2}.\sqrt{E.R}$ é caracterizada por uma radiância mínima chamada radiância de escape que evidentemente corresponde a uma velocidade mínima chamada velocidade de escape.

A última fórmula permite concluir que a radiância mínima depende da intensidade do campo elétrico e do raio que separa o elétron do núcleo atômico.

Isto explica o motivo pelo qual no efeito foto-elétrico, o elétron para escapar do metal, necessita de uma quantidade mínima de energia para vencer a atração dos núcleos desses átomos. A energia mínima necessária para um elétron escapar do metal corresponde a um trabalho denominado, função de trabalho do metal. O valor desse trabalho é característico para cada metal. Isto porque depende do campo elétrico oriundo do núcleo e evidentemente, quanto maior for o número de prótons tanto maior será o campo elétrico do atômico.

7. Quantidade de Movimento Angular.

A física clássica define a quantidade de movimento angular como sendo igual à quantidade de movimento linear em produto com o raio.

Simbolicamente, o referido enunciado é expresso por:

$$p = Q.R$$

Demonstrei que a quantidade de movimento linear é igual ao valor da carga elétrica em produto com a radiância.

$$Q = q.I$$

Substituindo convenientemente as duas últimas expressões resulta que:

$$p = q.I.R$$

A quantidade de movimento angular é igual ao valor da carga elétrica em produto com a radiância multiplicada pelo raio da órbita da carga.

8. Sistema Hidrogenóide

Em 1913 Bohr, desenvolveu uma teoria atômica admitindo um sistema hidrogenóide (átomo de hidrogênio ou íon monoeletrônico).

Mecânica Radiativa
Leandro Bertoldo

Alguns dos postulados da referida teoria, são os seguintes:

a) O átomo é um sistema vazio e neutro.

b) Os elétrons giram ao redor do núcleo em "órbitas estacionárias".

c) A quantidade de movimento angular do elétron deve ser um múltiplo inteiro de $h/2\pi$.

Com fundamento na teoria atômica de Bohr procurarei introduzir a teoria que venho apresentando no presente livro.

Portanto posso afirmar que a quantidade de movimento angular de um elétron é igual à carga elétrica desse elétron em produto com a radiância multiplicado pelo raio e ambos são iguais a um número inteiro natural, multiplicado pela constante de Planck, inversos pelo dobro de π.

Simbolicamente, posso escrever que:

$$p = q.I.R = \frac{n.h}{2\pi}$$

O modelo atômico hidrogenóide, fundamentado na teoria de Bohr, seria esquematicamente representado da seguinte forma:

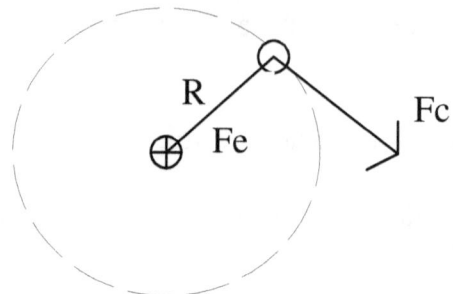

Evidentemente, tal sistema apresenta um equilíbrio entre forças elétricas e centrífuga ou centrípeta.

Simbolicamente o referido enunciado é expresso pela seguinte igualdade:

$$F_e = F_c$$

Sabe-se que a força elétrica é expressa por:

$$F_e = K \frac{Q.q}{R^2}$$

elétron:
Porém como a carga elétrica do próton é igual a do

$$Q = q$$

Então, posso escrever que:

$$F_e = K . \frac{q^2}{R^2}$$

A força centrífuga será evidentemente expressa por:

$$F_c = \frac{q.I^2}{R}$$

Igualando convenientemente as duas últimas expressões, resulta que:

$$\frac{q.I^2}{R} = \frac{K.q^2}{R^2}$$

Eliminando os termos em evidência, resulta que:

$$I^2.R = K.q$$

A referida expressão permite escrever que:

$$K.q^2 = q.I^2.R$$

9. Conservação da Energia em Sistema Hidrogenóide

A energia total é igual à energia radiante, adicionada com a energia potencial.

Simbolicamente, o referido enunciado é expresso por:

$$E_T = E_r + E_p$$

Afirmei que a energia radiante é expressa por:

$$E_r = \frac{1}{2}q.I^2$$

Sabe-se que a energia radiante é expressa por:

$$E_p = -\frac{K.q^2}{R}$$

Substituindo convenientemente as três últimas expressões, resulta que:

$$E_T = \frac{1}{2}.q.I^2 - \frac{K.q^2}{R}$$

Substituindo a expressão (I) na última, vem que:

$$E_T = \frac{1}{2}.q.I^2 - q.I^2$$

Assim, posso escrever que:

$$E_T = -\frac{1}{2}q.I^2$$

10. Radiância de Proporção do Elétron:

Sabe-se que:

a) $q.I^2.R = k.q^2$

b) $q.I.R = \frac{nh}{2\pi}$

Dividindo membro a membro, resulta que:

$$\frac{q.I^2.R}{q.I.R} = \frac{K.q^2}{\dfrac{n.h}{2\pi}}$$

Logo resulta que:

$$I^2 = \frac{2\pi.K.q^2}{n.h}$$

Isolando os valores constantes que aparecem, posso escrever que:

$$I^2 = \frac{1}{n}.\frac{2\pi.K.q^2}{h}$$

Mecânica Radiativa
Leandro Bertoldo

6. Mecânica Relativística Radiativa

1. Introdução

No presente capítulo, vou procurar apresentar alguns conceitos de Radiativa no seu aspecto relativístico. Tais conceitos de radiativa relativística caracterizam os fenômenos estudados de uma forma mais geral, a qual é chamada de "Mecânica Relativística Radiativa".

2. Postulado

Em 1982, desenvolvi a presente teoria matemática da Mecânica Radiativa, onde é deduzido o postulado de que a quantidade de movimento de uma carga elétrica é igual ao produto existente entre o valor da carga elétrica pela radiância.

Simbolicamente, o referido enunciado é expresso por:

$$\boxed{Q = q.I}$$

3. Radiância e Quantidade de Movimento Relativístico

Demonstrei que a quantidade de movimento pode ser expressa por:

$$\boxed{Q = q.I}$$

A mecânica clássica afirma que a quantidade de movimento de uma partícula é igual ao produto existente entre a massa e pela velocidade da mesma.

Simbolicamente, pode-se escrever que:

$$\boxed{Q = m.v}$$

Igualando convenientemente as duas últimas expressões vem que:

$$\boxed{q.I = m.v}$$

Ocorre pela Mecânica Relativística de Einstein, pode-se afirmar que a massa varia de acordo com a seguinte expressão:

$$m = m_0/\sqrt{1 - (v^2/c^2)}$$

Onde a letra (c), representa a velocidade da luz.

Então, substituindo convenientemente as duas últimas expressões vêm que:

$$q . I = m_0 . v/\sqrt{1 - (v^2/c^2)}$$

Logo, posso concluir que:

$$I = m_0 . v/q . [\sqrt{1 - (v^2/c^2)}]$$

4. Radiância Relativística

Segundo Einstein, a quantidade de movimento de uma partícula é expressa por:

Mecânica Radiativa
Leandro Bertoldo

$$Q = Q_0/\sqrt{1 - (v^2/c^2)}$$

Onde:

$$Q_0 - m_0 \cdot v$$

Sabe-se que a quantidade de movimento é igual ao produto entre a carga elétrica pela radiância.

Simbolicamente, o referido enunciado é expresso pela seguinte equação:

$$\boxed{Q = q.I}$$

Logicamente, posso estabelecer as seguintes verdades:

a) $Q = q.I$

b) $Q_0 = q.I_0$

Logo, se $q.I_0$ representa a quantidade de movimento de uma carga; quantidade de movimento medido em relação a um sistema de referência em repouso em relação a um referencial inercial, e (q. I), representa a quantidade de movimento da mesma carga, medido em um referencial que se desloca com velocidade (V) em relação ao referencial em repouso, segundo o que proponho, há a seguinte realidade:

$$Q = Q_0/\sqrt{1 - (v^2/c^2)}$$

$$q \cdot I = q \cdot I_0/\sqrt{1 - (v^2/c^2)}$$

que:

Eliminando os termos em evidência, posso escrever

$$I = I_0/\sqrt{1 - (v^2/c^2)}$$

A referida equação é denominada por "equação de radiância".

Note que o fator $1/\sqrt{1 - \dfrac{v^2}{c^2}}$ é maior do que um; então, logicamente, decorre que a radiância (**I**) é maior do que a radiância (I_0).

5. Equação Temporal de Einstein e Radiância

Einstein demonstrou a seguinte equação relativística.

$$t = t_0/\sqrt{1 - (v^2/c^2)}$$

Onde a letra (t), representa o tempo.
Foi demonstrando que:

$$I = I_0/\sqrt{1 - (v^2/c^2)}$$

Dividindo membro a membro entre as duas últimas equações, vem que:

$$I/t = [I_0/\sqrt{1 - (v^2/c^2)}]/[t_0/\sqrt{1 - (v^2/c^2)}]$$

Assim resulta que:

$$\frac{I}{t} = \frac{I_0}{t_0}$$

6. Radiância Relativística Temporal

A mecânica radiativa afirma que a radiância de uma carga elétrica em movimento é igual ao produto existente entre o campo elétrico que determina seu movimento, pelo tempo de movimento.

Simbolicamente, o referido enunciado é expresso por:

$$I = E.t$$

A equação temporal de Einstein permite escrever que:

$$t = t_0/\sqrt{1 - (v^2/c^2)}$$

Substituindo convenientemente as duas últimas expressões, vem que:

$$I = E \cdot t_0/\sqrt{1 - (v^2/c^2)}$$